SHANGHAI OUTSTANDING YOUNG

ARCHITECTS

2018年上海市建筑学会成立六十五周年评选活动

上 海 市 杰 出 中 青 年 建 筑 师 之 一 • 薄 宏 涛

上海市建筑学会

The Architectural Society of Shanghai China

不忘初心方得始终

薄宏涛

Bo Hongtao

中国建筑工业出版社

图书在版编目（CIP）数据

《上海市杰出中青年建筑师》系列丛书 / 上海市建筑学会主编. -- 北京 ：中国建筑工业出版社，2019.10
ISBN 978-7-112-24105-7

Ⅰ. ①上… Ⅱ. ①上… Ⅲ. ①建筑设计－作品集－中国－现代 Ⅳ. ①TU206

中国版本图书馆CIP数据核字(2019)第179240号

责任编辑：徐明怡 徐 纺
封面设计：赵 清
封套设计：赵 清
责任校对：张惠雯

上海市建筑学会

《上海市杰出中青年建筑师》系列丛书

上海市建筑学会

*

中国建筑工业出版社出版、发行（北京海淀三里河路9号）
各地新华书店、建筑书店经销
上海雅昌艺术印刷有限公司 制版、印刷

*

开本：787×1092毫米 1/16 印张：79½ 字数：1134千字
2019年10月第一版 2019年10月第一次印刷
定价：980.00元（全20册）
ISBN 978-7-112-24105-7
(34602)

丛书序 PREFACE

上海伴随着改革开放近四十年的城市建设发展日新月异，浦江两岸新老建筑相映成辉，历史的传承和时代的发展使上海更具有文化的内涵和城市的魅力。在这振奋人心的时代里，在一大批优秀建筑的背后是一群富有创作热情、具有世界眼光、勤勉努力的中青年建筑师。他们已经成为当下行业内的中流砥柱，他们继承着前辈的匠心，把握着时代的脉搏，他们有着新一代独到的理论见解和创作思想。

2018 年正值上海市建筑学会成立 65 周年，六十多年来，学会汇聚了大批建设领域的专家和精英，他们积极参与上海市及全国各地的建设，为城市化建设与发展做出了卓有成效的贡献。值此 65 周年之际，本会向全社会发起了“上海市杰出中青年建筑师”评选活动，旨在表彰一批在建筑设计领域取得突出成就和做出重要贡献的中青年建筑师们，以此鼓励上海市中青年建筑师奋发进取、锐意创新的精神。

“上海市杰出中青年建筑师”评选于 2018 年 7 月 26 日正式启动，共收到来自 53 家设计院所、高校的 150 余名中青年建筑师的竞选申请；此次评选经过社会网络投票，唤起了行业内外对城市建设和建筑师的关注。其中网络投票页面访问次数达到 870 万次，累计投票次数超过 220 万次。最终，由院士、大师组成的评审专家委员会于 11 月 7 日推选出了 20 名“上海市杰出中青年建筑师”。

“上海市杰出中青年建筑师”系列丛书的出版，既展示了上海中青年建筑师们的学术水准、创作业绩及个人风采，也鼓励其创新精神和社会责任感。促进其能够与国际接轨，提升其社会影响力，为中国建筑业增添绚丽的色彩。

上海市建筑学会理事长

序言 FOREWORD

初识宏涛是2003年我参与指导天台的一个项目，富有激情的构思和清秀灵动的草图让我记住了这个小伙子。2006年他进入筑境，作为同事，一晃我们在一起共事已经13个年头了。2012年他考入东南大学攻读我的博士研究生之后，我们又多了一层师生关系。

这些年，宏涛一直是我工作和研究的得力助手，2007年做南浔行政中心，在“中国的、江南的、南浔的”这个命题作文下，我们一起完成了富有江南气质的群体聚落空间塑造，创造了一个“不一样”的政府建筑；2012年结合杭州金融城项目，我们也探讨了近人尺度独具杭州街巷气韵的金融中心城市空间，这个空间类型的探索研究，最终在厦门现代业基地（丙洲片区）统建区中得到了完美的呈现。

除了有很强的方案创作能力以外，值得一提的是，宏涛还有很好的口头表达能力，通达晓畅而富于感染力。这种能力的背后也能看到他不懈学习和积累的专业和人文修养的，在思想和语言的融合上能做到挥洒自如，纵横无碍，对建筑师来讲，既是“本领”，更是素质。

近几年宏涛在城市更新领域潜心钻研，尤其在北京首钢的更新项目上投入了巨大心血，也有了一些收获，冬奥广场和三高炉博物馆都得到了很好的社会反响。作为他的 partner（搭档）和导师，我很欣慰这些年他在建筑创作和学术上取得的成绩，更希望他坚守初心，不断求索。

“究天人之际，通古今之变，成一家之言”，用我非常喜欢的司马迁的话送给宏涛，希望他在建筑创作的道路上越走越好，走出一条自己的路。

程泰宁

中国工程院院士

评选专家委员会

主 任：

全国工程勘察设计大师 沈 迪

专 家：

中 国 工 程 院 院 士
全国工程勘察设计大师 魏敦山

全国工程勘察设计大师 时 匡

全国工程勘察设计大师 汪孝安

全国工程勘察设计大师 赵元超

全国工程勘察设计大师 丁洁民

目录 CONTENTS

设计主张“城市视野、类型贡献”。

以城市视角审视基地，以都市针灸和链接的态度思考问题，整合提供跨学科、系统解决问题的思路，创造回应城市肌理的积极空间。

尊重在地文脉，以类型学方法回溯城市生长脉络，探索城市新的生活模式，以承载区域集体记忆的空间类型重塑有温度的城市空间，唤醒土地活力。

“城市是供应所需的地方，当一个孩子走过一个城市时，他应该能看到一些事物，让他知道自己这一生想要做些什么。”这是建筑师的责任。

薄宏涛

主要从业经历

Main Experiences

1993 年夏天刚得知考取建筑学的我抓紧学画

1994 年学院年会时，我还是一头乌发，
这让现在是光头的我都有些不认识自己了

缘在重庆

重庆这个城市对于从小在北方长大的我来说，是遥远的不能再遥远的地方了。然而，1993 年因为几组因缘际会，我选择到重庆开始我的大学生活。

第一是志愿选择，我一直很喜欢文科，高二文理分班的时候想填报文科班，这一个“胆大妄为”的想法被工科出身且在“文革”期间吃了不少苦头的父母断然否决，没有任何回旋余地，我勉为其难学了理科。大约是年龄增长了两岁，高三填报志愿的时候，我很坚持希望选择和纯数理不相干的志愿。估计看我学理科确实学得费力，父母这次倒是很支持。查来找去，摆在我面前的只剩下了两个——“建筑”和“中医”。于是，从小喜欢画画的我填写了清一色的志愿——“建筑学”。清华考不上，同济估计也没戏，从小长在天大大院里，也没有了继续在这读书的欲望（其实天大八成也不要我）。这时候，班主任老师推荐了“重建工”。我到现在都很感谢老师，没有他的推荐，或许我根本不会知道这样一个西南院校，也就和重庆擦肩而过了。

第二是琼瑶阿姨的连续剧《几度夕阳红》，这是姐姐最爱看的片子，她可能是爱看帅气的秦汉，我则是牢牢记住了嘉陵江畔

嘉陵江畔

浣纱的美景。电视剧里，嘉陵江是温婉的，水流是舒缓的，岸线是平坦的，主人公是可以闲适地在江边邻水漫步的！天知道，原来琼瑶阿姨骗人，这些场景居然全是虚构的！当我第一次在夜晚坐着学校迎新的大巴车呼啸在嘉陵江畔的滨江公路上，在一片暗夜中，只闻江涛拍岸，漆黑一团全然不见深邃中的江面时，我虚拟的重庆意向轰然间崩塌了。

初见重庆

工作多年，经常出差的我早已拥有几个航空公司的各种常旅客卡，可是二十几年前，我可根本不曾想过可以坐飞机去重庆！那时标准线路是从天津出发，到北京西站转车南下，在襄樊换一次车头后往西，翻山越岭穿隧道无数，方可抵达。那会绿皮火车时速60km，车厢内人因为极多，往往可以五层重叠。座椅下面趟一排，座椅上坐一列，小桌板上蹲几个，行李架上挂几个，走道和厕所间全部塞满。就这样在沙丁鱼罐头似的车厢里，身边各种大呼小叫不绝于耳，鼻腔中难于描摹的味道散之不去，一路摇到重庆，现在想起来，确实不可谓不辛苦。还好那时年轻能睡，居然可以一路睡过去，尽量不喝水不去厕所，一到卖饭就醒过来吃，吃了继续睡，一直到重庆。

时隔多年后，一次路过北京西站，心头

百感交集，在朋友圈写下了这样的文字——“北京西，我生命中的大站，就是在这每每坐上西行的火车，挥别父母。在四十个小时的车程后，我第一次踏上重庆的土地，在菜园坝火车站出站时仰望到山岗上漫布的灯火，璀璨如暗夜中的繁星。那样的场景，对于一个如我一般在平原长大的孩子，震撼到骨髓。如同归家时窗口母亲留下的一盏夜灯，重庆，就在一瞬间定格为永恒，成为我心底永远的温馨。”

绿皮火车四十多个小时的奔波后，学校迎新的大巴车总是会最终安稳地停到综合楼的大台阶前。那真是让人结结实实领略一下什么叫山城啊，拎着 60 斤的行李，要爬几十级台阶到“一层大厅”报道，原来重庆的一层是可以在天上的！这之后又见到了活的吊脚楼，更见识了“十八层地狱”。重庆当时的规范，九层住宅可以不设电梯，楼建在坡坎上，一个天桥从九层进楼，上九层下九层！正九层的住户掉落一件衣服，去捡一次，要上下爬三十六层楼！重庆的姑娘多是身材窈窕，但据说跳舞的话往往只能选民族舞而非芭蕾，成败皆萧何，爬坡上坎减去了赘肉，却膝盖骨偏大不太适合芭蕾。传闻真假不论，但重庆这座山城的魅力确实是浓缩在这立体的人间天梯间的。后来看电影《疯狂的石头》，在同一个地点上，三个人一个困在下水道里，一个坐在汽车里正好压住了窨井盖，另一个卡在空中的风管里，真是把这个多维的城市演绝了。

学在重庆

20 世纪 90 年代的重庆因为外来人口稀

重大鸟瞰

建筑城规学院

少，还是个本土文化自然繁衍的时代。走到哪里都是清一色的重庆话，保证你普通话过去重庆话回来，不是文化太强势，是真不会，不会讲普通话。记得开学辅导员训话，结束之后让大家提问题。我提了个老师要讲普通话的建议，得到的回复充分印证了重庆人的耿直："同学，你这个意见很不错，但是我说普通话可能你更是听不懂！"这样耿直的川语教学延续在几乎所有科目上，我一个北方孩子，听起来真叫费劲啊。就这么懵懵懂懂，基本听不懂课的我期中考试几门挂科，到期末时候听力水平大涨，才勉强考出了八十几分补上了期中的窟窿。后来学校实施了教学评估，老师必须普通话达到三级甲等，较小的学弟学妹估计少了我这般的听力障碍。当然，也就体会不到这种强烈的文化碰撞的个中之美了。

建院是建在一个巨大的坡地上，东高西低，建筑系馆就在最东面校门的南侧，可以说是学校最一览众山小的位置。刚入学的时候建筑系晚上不熄灯，方便同学开夜车画图。姑且不论是否非得要熬夜才能画完图画好图（其实我很多年也没想明白这个道理，好像学建筑天生就是一群夜游神，都不需要睡觉），反正这个唯一不熄灯的系馆可以绝对支撑你牛哄哄地吼上一句"建筑系滴！"，然后收获其他院系同学满满艳羡的目光。熬夜就要有熬夜的样子，一般到晚上十一二点，绘图教室里渐有困意袭来的时候，班上唯一一台双卡录音机里高亢的重金属摇滚便会提高了八个调门！在那个中国摇滚最好的时代，崔健、唐朝、黑豹、零点……你方唱罢我登场，此起彼伏的铿锵声重重敲击着耳骨。这架势，周公早就被震到九霄云外了！于是，大家伴着音乐抖擞精神，挽起袖子，一根根或精细或粗犷的墨线在图板上铺展开来，一夜之工也必有小成。当然，跟随着卡带一路狂飙梦回唐朝，歌到嗨时用力过猛，一瓶墨水打翻在图板上，前功尽弃捶胸顿足者也自不在少数。

牵挂在重庆

世界真是奇妙，而这众妙之妙就是一根隐形的线索，它牵挂着那个城、那个学校、那段青春和那段永恒的记忆。

重庆上海

2000 年秋，结束了在重庆市设计院两年的工作实践，从“江头”顺水而下两千公里来到同饮一江水的“江尾”——海纳百川的上海。重回校园，这一次我选择了同济。

如果说重庆的学习让我拥有了不错的建筑基本功的话，同济的学习，则因为很幸运地遇到了刚刚留德回国的蔡永洁老师和李振宇老师，帮我打开了一扇完全不同的大门，在城市规划、城市设计领域受益良多，令我取得了长足的进步。拥有城市的视野，这是同济给予我的最大财富。

2004 年同济硕士毕业后，我先后供职于德国 IFB 和 AR.D.D. 公司，先后和同济设计院合作完成了上海汽车博物馆、汽车会展中心、同济大学彰武校区博士生公寓等几个项目。2006 年底和几位师兄弟一起加入程泰宁院士主持的筑境设计至今。在实践层面，2006 年 ~2010 年完成了一系列政府主导的公共项目，如南浔行政中心、无锡侨谊实验中学、无锡崇安生活广场、上海华师大科技园孵化中心，2011 年起先后完成了长沙和南宁绿地中心，南宁、杭州和太原中央广场、合肥信达天御等城市综合开发项目。

2014 年起，我意识到在逐渐进入城市发展下半场的中国，城市更新会是未来非常重要的一个领域，并有意识开展了这个领域的实践和研究，当然这也是基于我一直以来对城市设计领域的热爱。2014 年的杭州电机厂更新和 2015 年元月的“虹口文创城市活力论坛”拉开了筑境城市更新领域深研的序幕；2015 年上海市果品公司北郊冷库改造和南京长江路历史文化旅游街区整体更新的中标让我以为自己会长期专注于长三角城市建成环境更新领域，而年底配合程先生进行的首钢南区侨商创新中心项目却完全颠覆了我当初工作地域的空间设定。

五一剧场改造片区

制粉车间改造片区

上海北京

首钢老工业园区城市更新项目可以说是当今中国乃至世界范围最激动人心的重工业遗存更新项目。随着陆续参与单体建筑项目投标中标、设计成果得到冬奥组委、首规委领导的积极认可、与首钢集团及设计院的合作不断深入，我们一步步走到了这个伟大历史叙事和时代变革的舞台前台。面对扑面而来的厚重的历史、重大的责任、时间的压力，唯有心存敬畏、殚精竭虑、倾力而为。2015 年至今的三年多时间里，我往返穿梭于上海北京之间，居然轻松飞到了原来觉得不可能为之的白金卡（一年飞行 90 次以上）标准。面对频繁的旅途和高强度的设计工作，个中艰辛冷暖自知，但作为总建筑师，我先后主持了北京西十冬奥广场、首钢三高炉博物馆、国家体育总局冬季训练中心、冬训运动员公寓、2022 冬奥会单板滑雪大跳台配套电厂改造香格里拉酒店、北京星巴克冬奥园区店、五一剧场及制粉车间片区等一系列项目，在重工业遗存更新领域也可以说是收获满满，积累了大量非常珍贵的第一手经验。

城市间的行走是一种旅程，是一种阅读，也是一种修行。因为常年往返于京沪、宁杭这几座中国最具特色的城市之间，也从对于城市的阅读中汲取创作营养。我相信每座城市和每块土地都有其独特内生气质和成长动因，找到它才能找到城市更新的动力之匙。未来的职业道路我会坚持尝试以跨越传统建筑学的城市视野，建构国际智力协作平台，通过类型学和社会学的跨学科交叉研究，思考城市活力的内生原因和适宜的更新策略，探索一种适合中国城市语境下的更新之路。

主要建筑作品

Selected Works

鸟瞰图

北京首钢三高炉博物馆

Beijing Shougang the No.3 blast furnace Museum

项目地点：北京
占地面积：72845m²
总建筑面积：54800m²
设计时间：2017 年
预计建成时间：2019 年

秀池西路透视

长期以来，首钢，这个以生产为主导的城中城仅仅作为一个和钢铁相关的抽象概念而存在，人们忽视了北京西郊 8.63km^2 上具体生活着的每一个具体的人，每一个首钢人和他们的家庭的变迁。首钢的百年功勋是无数个看似平凡的个体共同铸就的，正是他们的个体记忆聚沙成塔，点滴中构建了独属于这块土地的集体记忆。三号高炉改造博物馆就是要以人本的视角，以浸入式的方式带领观众进入高炉内部，审视特定时代的历史切片与工业遗存，管中窥豹，建构曾经峥嵘岁月的时空通感，通过空间和展陈个体叙事的微观而具象的层面，去探究以首钢为代表的中国宏大的城市发展转型之路。

首钢三号高炉博物馆是国内第一个高炉及附属设施改造再利用项目，设计选择了静态保护和动态更新相结合的策略，具体有三。

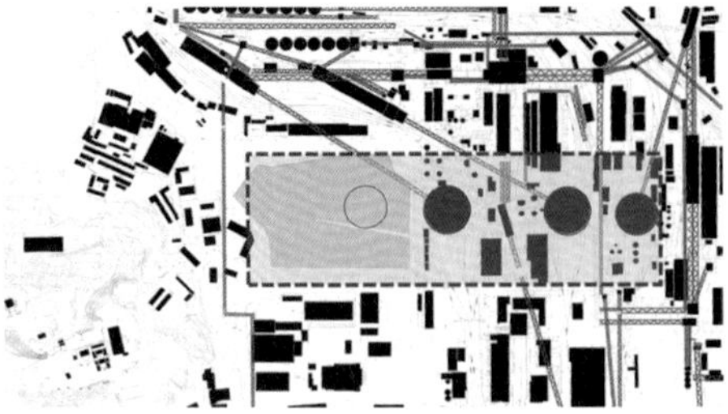

分析图

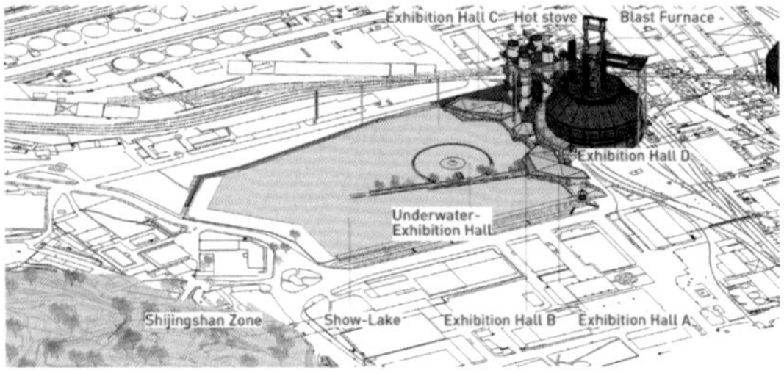

整体鸟瞰

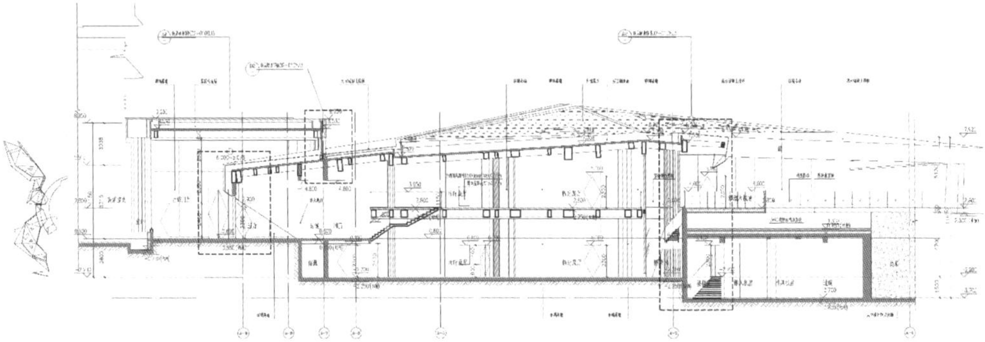

剖面图

其一，“封存旧”，把历史留给城市。谦恭对待工业遗存，保存专属于土地的城市集体记忆。原工艺构筑物群的高炉本体及罩棚、热风炉及热风总管、重力除尘器、检修天车等被大范围保留，与北侧冬奥广场内的保留再利用的料仓、转运站、送料通廊和干法除尘器共同呈现了较为完整的工艺面展示。

其二，“拆除余”，把自然融入城市。谨慎拆解不必要的构筑，打开工业与自然对话的通廊。高炉基地西侧拥有绝佳的自然景致，近景是秀池湖面，中景是石景山山麓和永定河，远景是西山山脉，这样极富层次的景观系统与高炉呈现的工业复杂巨系统形成了强烈反差。这样的环境对话特征纵观世界范围，美国伯利恒高炉博物馆、墨西哥蒙特雷高炉博物馆和卢森堡贝尔瓦科学城高炉博物馆均不具备这样的条件，可以说这样的工业——自然二元对话构成了首钢三高炉博物馆的核心风貌特征。对于风貌特征的最大化释放思想指导下，原有高炉西侧3层高的主控室因为阻隔了

三高炉夜景

炉体与湖面对话被拆除，从而打开高炉内部西向景观视线通廊。与此同时，从石景山方向湖面西向东远眺高炉也获得了较为完美的倒影关系。原主控室位置通过仅 1 层高的折板覆土地景式附属建筑缝合高炉和水岸线的关系，滨湖的环形栈道更进一步塑造了高炉和自然景观的无缝衔接。

其三，“织补新”，把梦想注入城市。塑造公共空间叠合不同场所，置入功能激发活力，成长为城市生活的崭新组成部分。高炉平均深度达 4.5m 晾水池秀池中置入 3.6m 的地下车库，解决工业遗存保留和停车困难的矛盾问题。同时，通过并置的玉璧形水下展厅，人们可以在此感受当代艺术的魅力。高炉内部植入首钢博物馆，塑造成独特的游览流线，炉体罩棚内标高不同的四个检修平台和原有出铁场平台作为核心空间体验场，提供震撼的工业遗址体验。罩棚外部的六个检修平台也为各种不同的城市生活提供了发生场所。

首钢博物馆

高炉罩棚和 Q5 通廊

高炉进料皮带通廊钢桁架和秀池

屋面
A. 秀池水下展厅车库西入口
B. 秀池水下展厅柳堤入口
C. 秀池水下展厅室内
D. 秀池水下展厅静水院
E. 秀池与附属建筑
F. 三高炉附属建筑 D 馆室内
G. 三

…场透视图

H. 三高炉本体 13.6m 罩棚内透视

反复观照的动线组织

三高炉博物馆中，鉴于其绝无仅有的工业巨构（炼铁厂炉本体 + 热风炉 + 重力除尘器）与自然风光（秀池 + 石景山 + 永定河）双重核心资源，设计采用了一种正负双鹦鹉螺螺旋线的参观流线让参观者可以以充分浸入的方式游走于自然与工业、静谧和热烈之间。

“形式”到“内容”的变化

内容是多样性业态附着的黏性，是多样化城市生活的发生场，是各种不同可能性的人的活动触媒。更新的活力便来自于这样的内容。

高炉南区城市广场，提供丰富性社会活动场地。博物馆建筑中和社会互动性最高的报告厅、临时展厅、衍生文创产品销售和配套餐厅均脱离高炉本体独立在岸线布置，提供最大化社会活力外溢的可能性。

A

B

E

F

G

A. 秀池水下展厅车库西入口

B. 秀池水下展厅柳堤入口

C. 秀池水下展厅室内

D. 秀池水下展厅静水院

E. 秀池与附属建筑

F. 三高炉附属建筑 D 馆室内

G. 三高炉 9.7m 出铁场透视图

H. 三高炉本体 13.6m 罩棚内透视

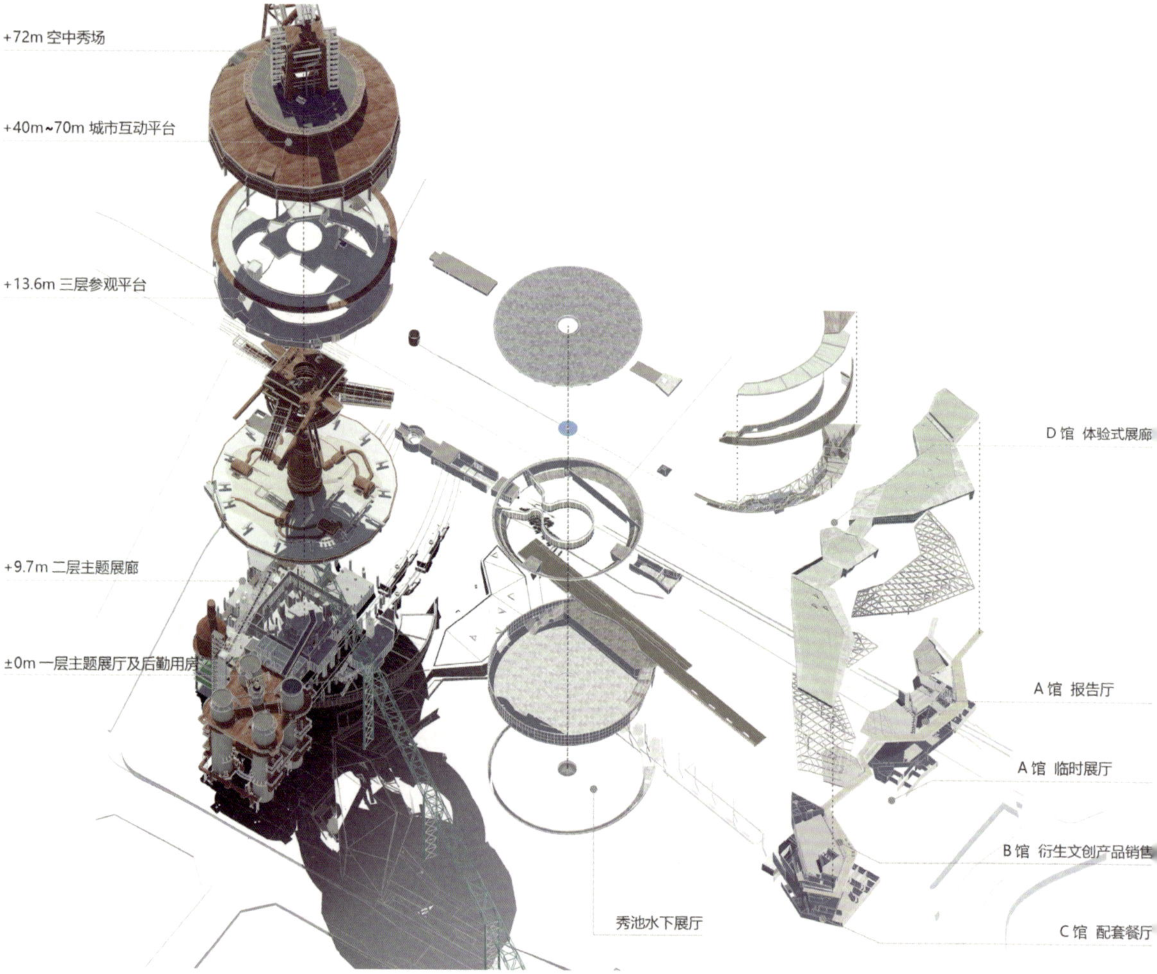

+72m 空中秀场
+40m~70m 城市互动平台
+13.6m 三层参观平台
+9.7m 二层主题展廊
±0m 一层主题展厅及后勤用房
D馆 体验式展廊
A馆 报告厅
A馆 临时展厅
B馆 衍生文创产品销售
秀池水下展厅
C馆 配套餐厅

“工业”到“城市”的切换

高炉本体，大量原有工艺空间被释放为城市展厅。炉体罩棚内标高不同的四个检修平台和原有出铁场平台作为核心空间体验场，提供震撼的工业遗址体验。罩棚外部的六个检修平台则充分提供人和自然及城市的互动空间，再造这片土地上不曾拥有的城市活动。空中吧台、秀场、新品发布展示、科普教育、社群交往、文化舞台，在空中呈现。曾经工艺需求的高空平台呈现出强烈的多维度立体城市意味，多样化的城市行为通过多股动线和原有构筑物有机交织为一体，令工业性最终转化为城市性。2018 年 11 月的奔驰 A 系长轴距轿车发布会和 12 月末 BTV 的跨年晚会都将城市的目光聚焦在崭新的三高炉博物馆，园区也借此在融入城市的路上继续迈出精彩而坚实的步伐。

作为 2019 年首钢建厂百年庆典的献礼项目，首钢三高炉博物馆将面向城市敞开怀抱。

从天车广场看中轴建筑

北京首钢西十冬奥广场及星巴克冬奥园区店
Beijing Shougang the No.3 blast furnace Museum

项目地点：北京
占地面积：27132m²
总建筑面积：87000m²
设计时间：2016 年
建成时间：2017 年

自北向南鸟瞰图

作为首钢园区北区启动的先导项目，首钢冬奥广场的落地具有绝对的标志意义，奥运的超强 IP 极大提振了城市传统地缘认知地图中该区域的影响力，这片封闭了近一个世纪的园区的神秘面纱也得以徐徐揭开。在绿色奥运、节俭奥运理念的指导下，冬奥组委在永定河畔石景山东麓、阜石路以南选择了首钢旧厂址西北角的西十筒仓片区，其基地得名于地块北侧的原京奉铁路西十货运支线，这既是首钢在一个世纪前的建设起点，又是百年首钢凤凰涅槃的更新支点。

冬奥广场区域是园区一号、三号炼铁高炉炼铁工艺的复杂系统中的储料供料部分。这一密集供料区的转运站、料仓、筒仓和泵站等十个工业遗存，正借由冬奥的强大助推，被改造为集办公、会议、展示和配套休闲于一体的综合园区。

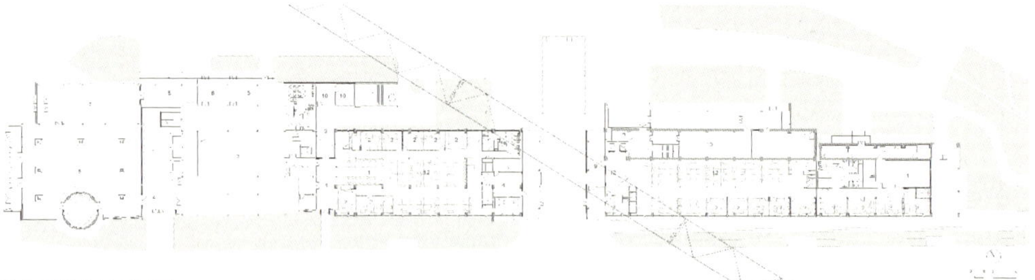

联合泵站首层平面图

1 会议室
2 办公
3 展览
4 前厅
5 银行
6 邮政
7 专卖商店
8 大厅
9 过厅
10 机房
11 服务准备间
12 开放办公区
13 休闲

总平图

价值评定优先

工业遗存更新区别于传统的增量建设，其项目启动设计的首要条件不是获取控规指导下的规划指标和甲供任务书，而是秉持对基地足够的敬畏心，要详尽掌握原有图纸、充分踏勘基地、了解工艺流程、精细测绘现状和准确鉴定结构，在这些条件的支撑下，才可以较为客观和专业地评价和制定遗存的拆改原则。可以说，一个不了解工艺、不熟悉基地的设计师是没有资格面对一片工业遗存开展“纸上设计”的。

保护与利用共存

设计需要提供足够满足后工业时代需求的物理空间，同时，工业遗存的风貌特征也必须适度保持。设计提出“忠实的保留”和“谨慎的加建”作为指导策略。设计采用“服务空间 + 被服务空间”的原则，把原有转运站及联合泵站的混凝土或钢结构主体空间作为核心功能空间使用，而把新加建的电梯间外置。这样既避免竖向交通打穿原有构筑物楼板，又通过加建补强了原结构刚度。同时，通过碳纤维、钢板、

联合泵站东立面

屈曲约束支撑等手段对原有主体结构加固以适应新的功能需求，类似结构构件也作为了建筑立面的核心表现元素。

空间与尺度重构

作为高炉供料区，区域内遗存都是依据生产的工艺流程而布局的，缺少城市空间的秩序感，巨型工业尺度也让人缺乏亲近和安全感。设计需要创造两种变革："变工艺流程导向决定的工业布局为人性化生活导向下的城市布局"和"变工业巨尺度关系为巨 + 中 + 小尺度聚合的人性化尺度关系"。这两种尺度和空间的重构是动态更新项目中通常出现的法则，是提供空间活力和气质的"变革之匙"。通过一系列插建和加建，原有基地内散落的工业构筑物被"缝合"成为了充满活力的不规则五边形院落，希望以"院"的形式语言回归东方最本真的关于"聚"的生活态度。

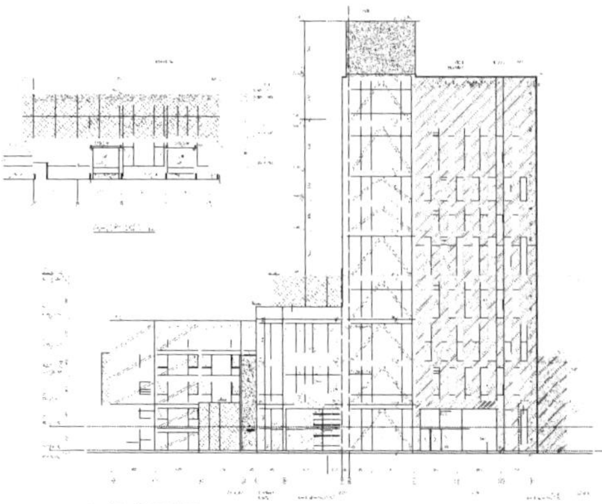
N3-2 轴立面图

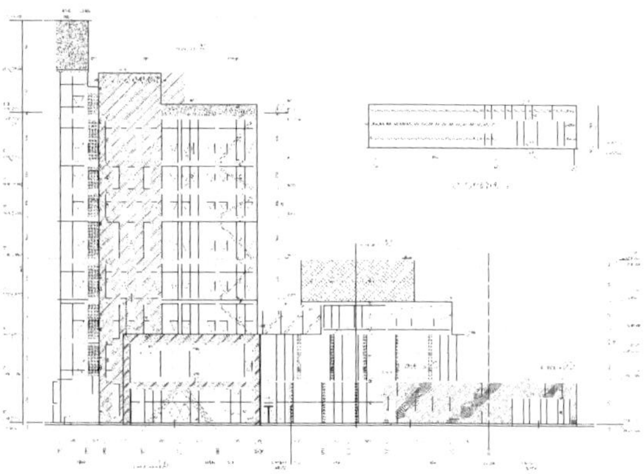
N3-2 轴立面图

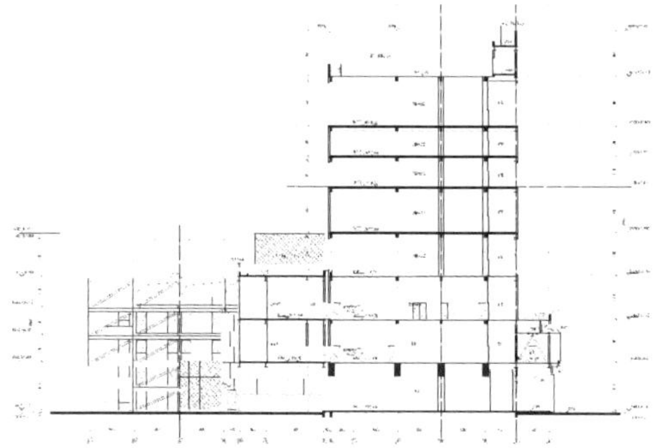
N3-2 剖面图

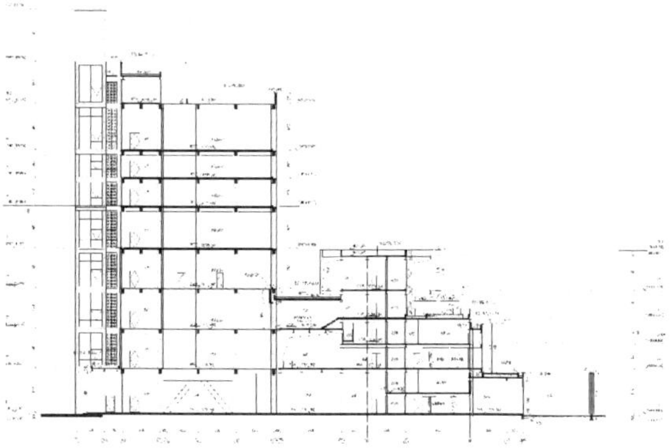
N3-2 剖立面图

N3-2 转运站办公楼及会议中心

N3-3 转运站及货运通廊天桥

冬奥广场南入口甬道

主控室 + 料仓办公

员工餐厅立面局部

联合泵站立面局部

冬奥展厅折尺立面

人性与自然对话

积极融入城市，就意味着尽可能消除阻隔。基地西侧石景山和南侧秀池水体为项目本身具有强烈的工业感。设计在长 150m 的原有联合泵站构筑物改造中，打破“封闭大墙”，植入开放式景观廊道、主入口通廊和公共空间，让园区内外景观能积极对话。穿行于建筑之间和屋面的“室外楼梯 + 栈桥”的步行系统，为整个建筑群在保持工业遗存原真性的同时叠加了园林化特质。整组建筑就是一个立体的工业园林，步移景异间，传递出一种中国特有的空间动态阅读方式。设计更希望在后奥运时代，这组建筑在面向社会办公需求时，其提供的多义空间弹性能为项目附着更多的创智型企业，并提供足够的黏性。

STARBUCKS COFFEE

STARBUCKS COFFEE

STARBUCKS COFFEE

STARBUCKS COFFEE

更新的动态偶得

干法除尘器西侧的压差发电控制室改造的咖啡店是一处更新中的偶得。为凸显干法除尘罐体和检修平台间强烈富有蒙德里安色彩的横纵体型对比，现场决定拆除遮挡罐体的五层高控制室。当拆除到仅剩一层时，设计师在现场当机立断，在仅剩的一层混凝土框架基础上植入新的使用空间。底层局部架空展示了原有结构地梁，坡道引桥则强化了体型的漂浮感。金属丝网形成的“帘幕”过滤西晒的同时为建筑平添了犹抱琵琶半遮面的模糊界面。强烈的水平性和原有工业构筑物的横纵构图融而为一，塑造了星巴克在北京最具工业风的冬奥园区店。

冬奥广场的意义

西十冬奥广场是首钢北区落地实施的第一个项目，也是北京市政府支持首钢转型积极导入的核心功能。它是首钢北区乃至整体园区功能定位落地的核心锚固点和撬动点。在冬奥概念明确后的一年之间内，首钢园区北区先后落地了国家体育产业示范园区、国家体育总局冬季训练中心、2022 冬季奥运会 BIG AIR 空中技巧大跳台赛场及一系列相关配套研发办公、企业总部、酒店休闲、展览展示、媒体制作、商业服务等相关功能，充分体现了奥运这样的顶级城市公共事件对于产业的超强助推作用。

精煤车间改造国家体育总局冬训中心花滑速滑冰壶训练三馆东侧外景

北京首钢体育总局冬季训练中心

Beijing Shougang General Administration Of Sports Winter Training Center

项目地点：北京
占地面积：48784m²
总建筑面积：76434m²
设计时间：2016 年
建成时间：2018 年

冬训中心位于北京石景山区首钢老工业园区内，该用地南侧为四高炉南路西延，北侧为用地内部区域道路，东侧为电厂东路，西侧为西环厂路，紧邻石景山；场地呈西北高、东南低态势，园区内部道路趋于平缓。冬训中心包含精煤车间改造国家队短道速滑队、花样滑冰队、冰壶队赛前训练场馆、冰球馆、配套运动员公寓、金工车间改造、网球馆改造。本期建设项目总建筑规模约为 7.6 万 m^2，主要使用功能为冬奥比赛、训练用房及其餐饮住宿配套设施。

作为冬训中心最主要的训练场馆，精煤车间的改造为适应花滑、速滑、冰壶的空间使用，旨在保证冬训所需功能的前提下，创造更加有活力、有趣味性的空间，使得首钢老工业区重新焕发生机。由于功能上加入了三块冰场，体量大大增加，设计上采用化整为零的手法将巨大的体量拆解。车间整体柱网保留了南侧抗风柱、柱间支撑和天车梁，北侧排架柱平移 24m，以满足冰场 60m 的空间需求，移动之后，工业构件出现在花滑速滑馆内，为充满速度激情的冰场平添了一抹工业气息。

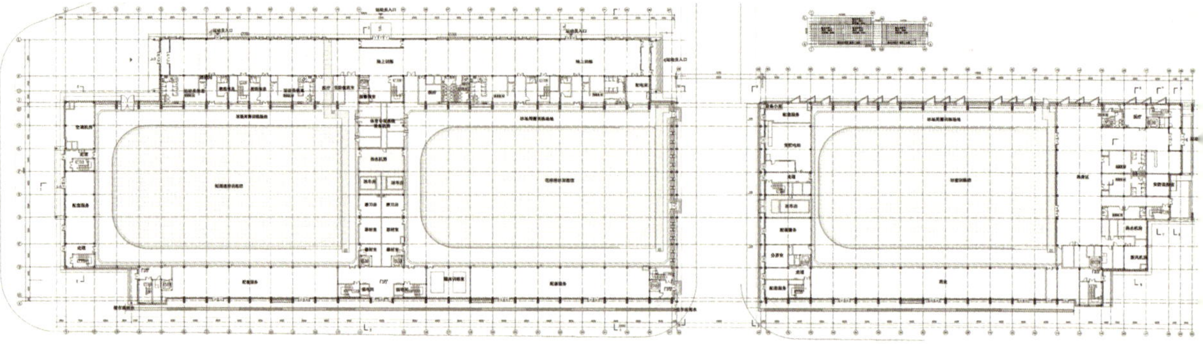

精煤车间改造首层平面图

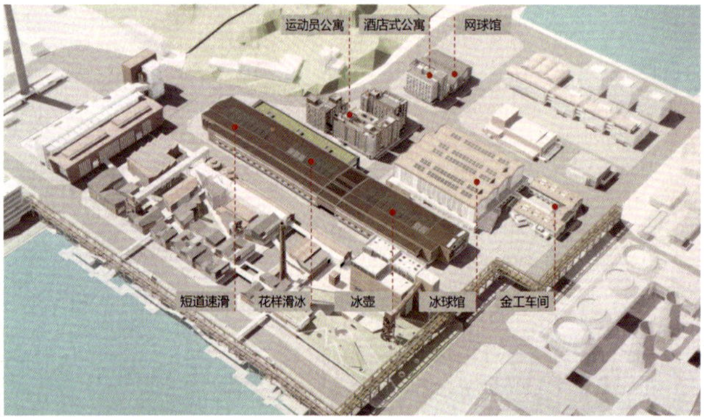

整体鸟瞰

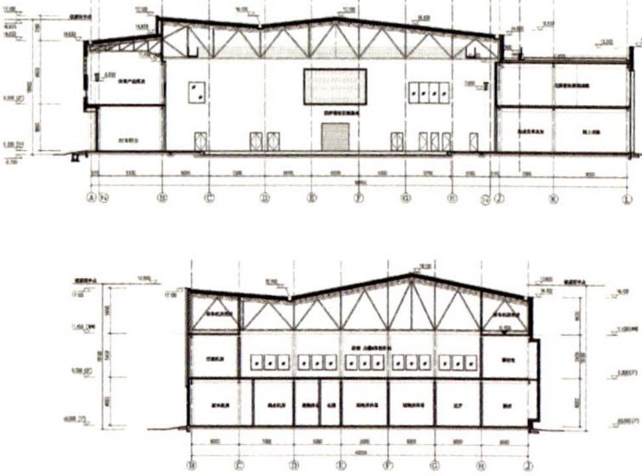

剖面图

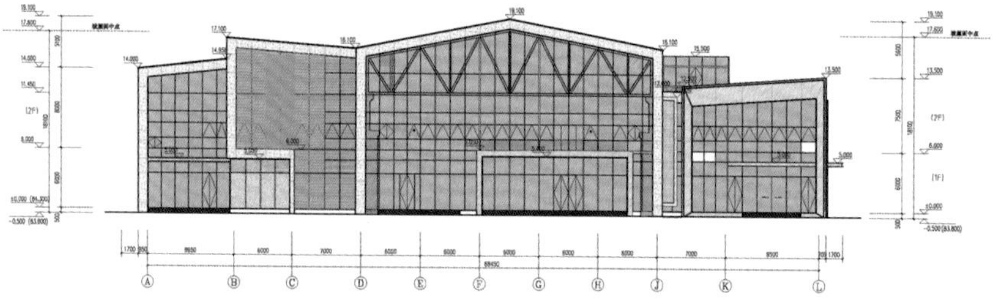

东立面图

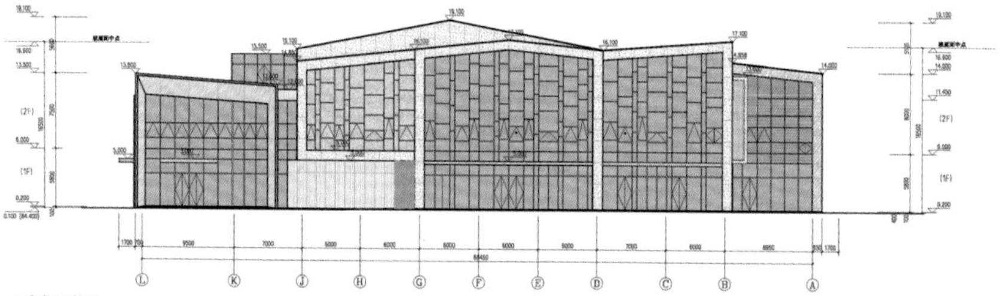

西立面图

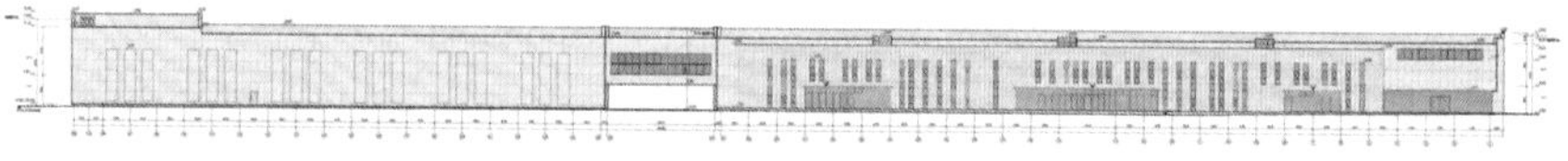

南立面图

首钢园
SHOUGANG PARK
国家冬季运动训练中心

强化东西向空间逻辑的同时，在东西山墙上维持了原厂房山墙的 36m 尺度，并作为主要配套办公出入口使用，东侧山墙内退灰空间和广场另侧的坡地公园有机围合成了冰雪广场，广场上流动曲线的处理也源自对滑冰运动轨迹的演绎。精煤训练馆和冰球馆南北立面界定的街道形成富有韵律的街道，训练馆西侧陆上训练中心和东侧四号高炉遥相呼应形成隔空对话。

相约北京 一刻也不能停 一步也不能错 一天也耽误不起

沿街透视

上海华东师范大学科技孵化中心

Office Building of National Technology Park, East China Normal University, Shanghai

项目地点：上海
基地面积：7621m²
占地面积：1881m²
总建筑面积：26478m²
设计时间：2009 年
建成时间：2012 年

沿街透视

作为一种特殊的单一产业集群建筑，产业园区由于其清晰的单纯功能属性往往被贴上了反城市的标签。单纯的功能意味着其间的使用者拥有相类似的对建筑的使用要求和使用时间，这样，建筑的使用时间自然有了清晰的峰值和谷值。白天人声鼎沸，夜晚寂静无人，这样的园区是没有活力的，缺乏城市感的。

华师大科技孵化园作为典型的都市产业园区，试图以积极介入的姿态来面对城市生活，融入城市的同时也创造一个崭新的城市活力节点。设计采用了一种异化策略，通过捕捉都市情绪来表达建筑的城市属性。

魔都，在这座中国最现代化的都市中，在我们的生活中总是充满了一个硬币的两面：一面是陆家嘴巨大的混凝土森林呈现的山一般的威压；另一面是田子坊里弄天井间光影流动中梦境一般的恬静。戏剧并置，这便是这座建筑希望呈现的都市表情。

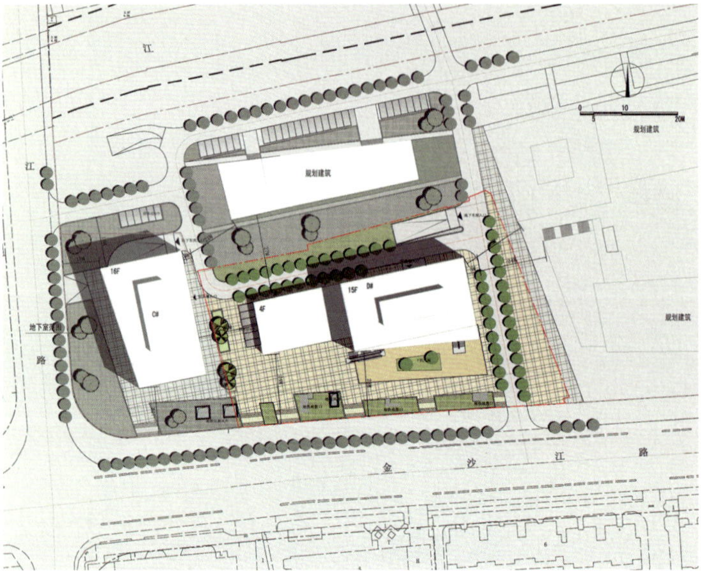

总平图

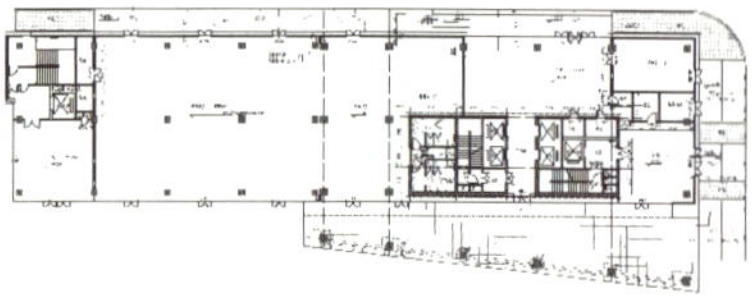

一层平面图

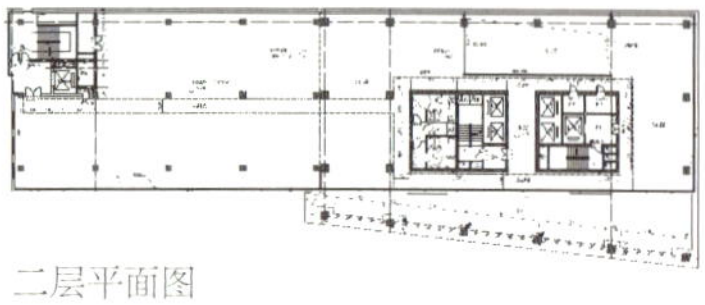

二层平面图

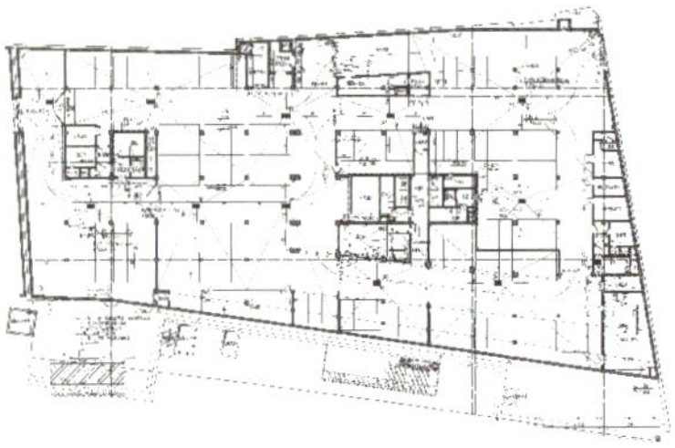

地下车库平面图

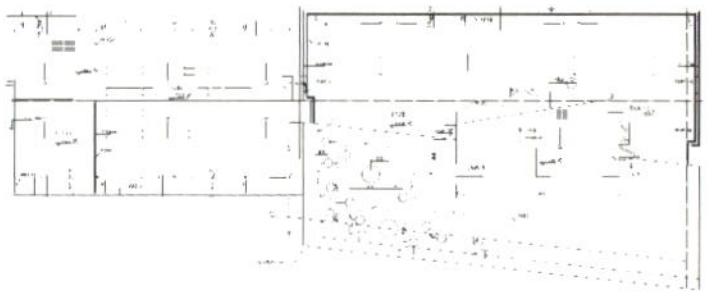

屋顶平面图

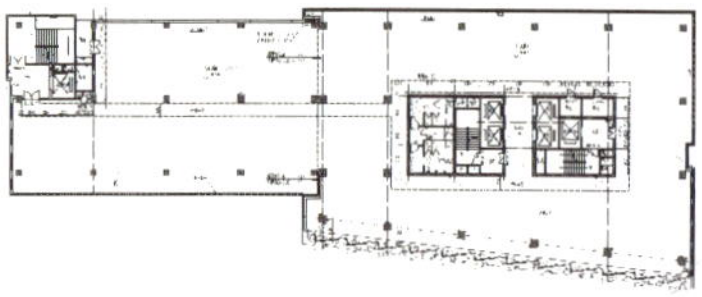

三层平面图

建筑立面

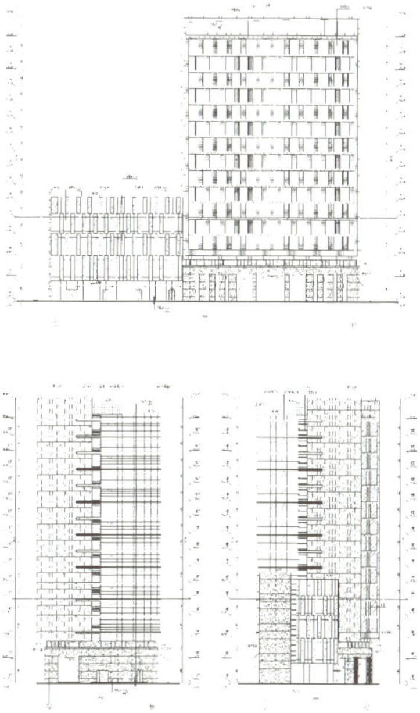

立面图

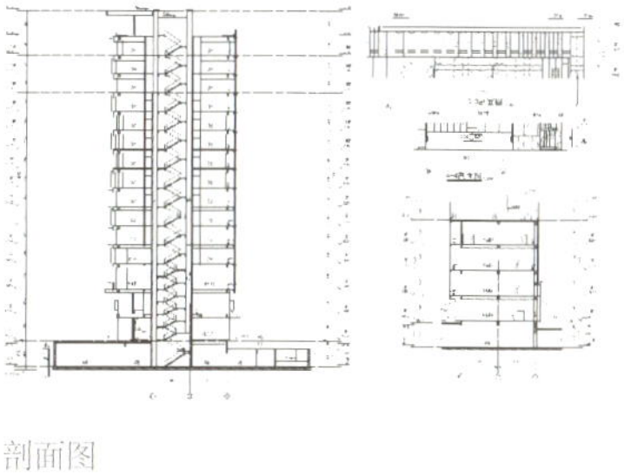

剖面图

局部

局部

屋面

建筑呈现了多种并置：面向城市的矩形框架和其内多折面的鳞状窗体呈现了大小与轻重、城市和人体模数这几对辩证关系间的尺度并置；通体的黑色花岗石外墙（因为业主确定购进的石材品相不佳、色差很大，设计最终放弃了相对柔软的荔枝面而被迫选择色差不太明显的抛光面处理）和仰视可见的红色鱼鳞窗下底面呈现的红与黑的色彩并置；双层挑高的外廊空间和下沉的地铁口广场间一阴一阳的空间并置；建筑巨大的屋顶产生的压迫感，在穿过不规则开孔的阳光的勾勒下，呈现出了诗意的消解和漂浮感，让建筑固有的戏剧性并置在自身标高最高的区域达到了顶峰。

每到傍晚，配套的商业餐饮裙楼人声鼎沸，建筑间围合的小广场总会被周围居民区大妈们的广场舞所占领，这也算是这组建筑参与城市生活的另外一种形式表达吧。

代表项目一览表

Representative projects

2018 年 北京首钢三高炉博物馆

2018 年 北京2022冬奥会单板滑雪大跳台配套电厂改造香格里拉酒店

2018 年 杭州亚运会运动员村2号地块

2018 年 杭州大运河新城核心区城市设计

2018 年 苏州太湖金融小镇二期

2018年 济南钢铁厂更新城市设计

2017 年 北京国家体育总局首钢园区冬季训练中心

2017 年 北京星巴克冬奥园区店

2017 年 上海愚园路微型城市记忆博物馆

2017 年 合肥信达天御邻里坊及幼儿园

2016 年 北京2022冬奥会奥组委办公园区

2016 年 北京首钢北区规划两湖区域规划

2016 年 上海复地御西郊二期别墅

2015 年 南京长江路历史文化旅游街区城市更新

2015 年 上海天健滨江天地

2015 年 南宁绿地中央广场城市综合体

2014年 上海市果品公司市北冷库改造电子商务园区

2014年 南宁五象绿地中心城市综合体

2014年 太原绿地中央广场城市综合体

2014年 合肥信达天御城市综合体

2014年 嘉兴杉杉生活广场城市综合体

2013年 杭州钱江金融城

2012年 长沙绿地中心城市综合体

2011年 大同绿地新都会城市综合体

2011年 龙岩会展中心

2010年 无锡崇安寺片区及云蝠大厦

2009年 上海铁路西站站房

2009年 无锡侨谊实验中学

2008年 湖州南浔区行政中心建筑群

2008年 上海华东师范大学科技孵化中心

2007年 上海同济大学博士生公寓

2006年 江苏中国国际采购中心

2005年 上海国际汽车会展中心

2004年 包头龙藏新城

2003年 上海文化公园竞赛

2002年 柏林中国大使官邸

2001年 上海莘闽办公楼

2000年 四川外语学院综合楼

1999年 重庆时代天骄大厦

1998年 重庆新城住宅竞赛

获奖经历及学术成果

Awards and Academic Achievements

主要获奖经历

Main Awards

"上海市杰出中青年建筑师"

上海市建筑学会成立 65 周年评选的 20 位杰出中青年建筑

英国皇家城市规划学会"2017国际卓越规划奖"

首钢园区规划作为全球申报的 56 个项目中的最后入围的 5 个项目之一，最终获得英国皇家城市规划学会"2017 国际卓越规划奖"，也是中国境内唯一一个获奖作品。

全国优秀工程勘查设计奖行业优一等奖（建筑工程）

南浔行政中心

全国勘察设计协会颁发的设计行业优最高奖

中国建筑学会第九届青年建筑师奖

中国 45 岁以下青年建筑师的最高奖项，中国青年建筑师奖

主要学术成果

Main Academic Achievements

作为总策划和联合策展人，薄宏涛策划的“铸忆 Steel home still——首钢园区及三高炉复兴成就展”参展 2018 威尼斯双年展。

薄宏涛先后在《建筑学报》、《建筑师》、《建筑创作》、《城市建筑》等杂志发表论文近二十篇，并在国内外一些重要学术会议上做主旨发言。

薄宏涛作为主编编纂了《中国现代建筑集成 II——酒店建筑》。

“城市设计研究专篇”先后入选 [德] 迪特 · 哈森普鲁格主编《走向开放的中国城市空间》和徐洁、费淳璐、支文军主编《解读安亭新镇》。

后记 POSTSCRIPT

2018年12月，上海市建筑学会为“上海市杰出中青年建筑师”评选成立了编写工作组，正式启动了本书的编写工作。

本系列丛书由20位“上海市杰出中青年建筑师”提供相关素材，对自身的主要从业经历、建筑作品、获奖经历及学术成果等方面作了多样的展示与阐述。由于篇幅有限，不足以充分反映20位杰出中青年建筑师的创作思想和优秀作品，只概括地阐述了具有代表性的内容。

“上海市杰出中青年建筑师”评选活动的圆满举办得益于学会理事会、学术委员会、各会员单位、设计院所、高校以及社会各界的大力支持，在此向所有提供支持与帮助的单位和个人表示衷心的感谢。

在编写过程中我们还得到了许多著名建筑师的支持，他们亲自为各位中青年建筑师写序，意在鼓励和培养青年一代的成长，在此向他们表示感谢。同时，特别要感谢评选委员会的专家沈迪、魏敦山、时匡、汪孝安、赵元超、丁洁民，他们以科学严谨的工作态度圆满地完成了本次评选工作。

最后要感谢编委会、学会秘书处以及参与本次编写工作的所有工作人员，感谢你们的辛勤付出。

上海市建筑学会将秉持“坚守科技报国初衷，不辱时代发展使命”的理念，聚行业合力，共谱城市建设华章；携手市民大众共铸辉煌！

上海市建筑学会

上海市杰出中青年建筑师系列丛书

《上海市杰出中青年建筑师》系列丛书

按姓氏拼音排序

《上海市杰出中青年建筑师之一——薄宏涛》

《上海市杰出中青年建筑师之二——陈国亮》

《上海市杰出中青年建筑师之三——陈剑秋》

《上海市杰出中青年建筑师之四——陈　雷》

《上海市杰出中青年建筑师之五——崔中芳》

《上海市杰出中青年建筑师之六——郭建祥》

《上海市杰出中青年建筑师之七——胡世勇》

《上海市杰出中青年建筑师之八——李麟学》

《上海市杰出中青年建筑师之九——李　瑶》

《上海市杰出中青年建筑师之十——李振宇》

《上海市杰出中青年建筑师十一——刘宇扬》

《上海市杰出中青年建筑师十二——柳亦春》

《上海市杰出中青年建筑师十三——钱　平》

《上海市杰出中青年建筑师十四——任力之》

《上海市杰出中青年建筑师十五——戎武杰》

《上海市杰出中青年建筑师十六——宋照青》

《上海市杰出中青年建筑师十七——王文胜》

《上海市杰出中青年建筑师十八——张俊杰》

《上海市杰出中青年建筑师十九——章　明》

《上海市杰出中青年建筑师二十——曾　群》